U0186150

优秀技术工人
百工百法丛书

郑久强
工作法

转炉炼钢炉型的
控制与操作

中华全国总工会 组织编写

郑久强 著

中国工人出版社

匠心筑梦　技能报国

技术工人队伍是支撑中国制造、中国创造的重要力量。我国工人阶级和广大劳动群众要大力弘扬劳模精神、劳动精神、工匠精神，适应当今世界科技革命和产业变革的需要，勤学苦练、深入钻研，勇于创新、敢为人先，不断提高技术技能水平，为推动高质量发展、实施制造强国战略、全面建设社会主义现代化国家贡献智慧和力量。

——习近平致首届大国工匠

创新交流大会的贺信

序

党的二十大擘画了全面建设社会主义现代化国家、全面推进中华民族伟大复兴的宏伟蓝图。要把宏伟蓝图变成美好现实，根本上要靠包括工人阶级在内的全体人民的劳动、创造、奉献，高质量发展更离不开一支高素质的技术工人队伍。

党中央高度重视弘扬工匠精神和培养大国工匠。习近平总书记专门致信祝贺首届大国工匠创新交流大会，特别强调"技术工人队伍是支撑中国制造、中国创造的重要力量"，要求工人阶级和广大劳动群众要"适应当今世界科技革命和产业变革的需要，勤学苦练、深入钻研，勇于创新、敢为人先，不断提高技术技能水平"。这些亲切关怀和殷殷厚望，激励鼓舞着亿万职工群众弘扬劳模精神、劳动精神、工匠精神，奋进新征程、建功新时代。

近年来，全国各级工会认真学习贯彻习近平总书记关于工人阶级和工会工作的重要论述，特别是关于产业工人队伍建设改革的重要指示和致首届大国工匠创新交流大会贺信的精神，进一步加大工匠技能人才的培养选树力度，叫响做实大国工匠品牌，不断提高广大职工的技术技能水平。以大国工匠为代表的一大批杰出技术工人，聚焦重大战略、重大工程、重大项目、重点产业，通过生产实践和技术创新活动，总结出先进的技能技法，产生了巨大的经济效益和社会效益。

深化群众性技术创新活动，开展先进操作法总结、命名和推广，是《新时期产业工人队伍建设改革方案》的主要举措之一。落实全国总工会党组书记处的指示和要求，中国工人出版社和各全国产业工会、地方工会合作，精心推出"优秀技术工人百工百法丛书"，在全国范围内总结 100 种以工匠命名的解决生产一线现场问题的先进工作法，同时运用现代信息技术手段，同步生产视频课程、线上题库、工匠专区、元宇宙工匠创新工作室等数字知识产品。这是尊重技术工人首创精神的重要体现，是工会提高职工技能素质和创新能力的有力做法，必将带动各级工会先进操作法总结、命名和推广工作形成热潮。

此次入选"优秀技术工人百工百法丛书"作者群体的工匠人才，都是全国各行各业的杰出技术工人代表。他们总结自己的技能、技法和创新方法，著书立说、宣传推广，能让更多人看到技术工人创造的经济社会价值，带动更多产业工人积极提高自身技术技能水平，更好地助力高质量发展。中小微企业对工匠人才的孵化培育能力要弱于大型企业，对技术技能的渴求更为迫切。优秀技术工人工作法的出版，以及相关数字衍生知识服务产品的推广，将为中小微企业的技术进步与快速发展起到推动作用。

当前，产业转型正日趋加快，广大职工对于技能水平提升的需求日益迫切。为职工群众创造更多学习最新技术技能的机会和条件，传播普及高效解决生产一线现场问题的工法、技法和创新方法，充分发挥工匠人才的"传帮带"作用，工会组织责无旁贷。希望各地工会能够总结命名推广更多大国工匠和优秀技术工人的先进工作法，培养更多适应经济结构优化和产业转型升级需求的高技能人才，为加快建设一支知识型、技术型、创新型劳动者大军发挥重要作用。

中华全国总工会兼职副主席、大国工匠

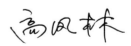

作者简介
About The Author

郑久强

1970 年出生，河北钢铁集团唐山钢铁股份有限公司炼钢工，工会副主席，高级技师，正高级工程师。

曾获"全国劳动模范""中华技能大奖""全国技术能手""全国五一劳动奖章""中国青年五四章""全国道德模范""全国最美职工"等荣誉和称号，享受国务院政府特殊津贴。

他凭借高超的炼钢技能，荣获 2002 年全国钢铁行业职业技能竞赛转炉炼钢工状元，被媒体誉为"华夏第一炼钢工"。以他名字命名的"炼钢创新工作室"是首批国家级技能大师工作室和全国示范性劳模创新工作室。他申报 15 项国家专利，产生先进操作方法 32 项，申报职工岗位创新成果 128 项，主研的《转炉双渣工艺技术创新与优化》获得海峡两岸职工创新成果展金奖。他创新超低磷冶炼技术，在没有脱磷炉的情况下，实现转炉终点磷含量小于 0.010%，最低达到 0.004% 的行业领先水平。成功实施"一键式"炼钢新模式，设计出近 20 种吹炼模型，实现了不同生产条件和产品对自动炼钢的需求，实施不倒炉出钢，实现了单炉座班产 24 炉，创造行业同等规模生产的最好水平。

新时代的钢铁工人，要学习新知识、掌握新技术，
练就新技能，立志钢铁报国，建设钢铁强国！

郑久强

目　　录
Contents

引　言
Introduction

　　炼钢是钢铁行业重要的生产工序，炉龄是转炉炼钢生产的一项重要指标。炉龄的高低不仅反映出一个钢厂的铁水条件、技术装备水平，也反映出该厂的工艺操作水平和生产管理水平。转炉炉型的稳定是保证转炉炉龄的基础，转炉炉型在转炉砌筑耐火材料后，经炼钢反应，内部各个部位会因为受侵蚀程度不同，而发生形状改变，影响转炉内炼钢各种反应顺利进行，严重时会发生漏炉事故，造成生产中断。为了保持炼钢生产以及转炉吹炼过程中各种化学反应的稳定进行，需要对炉衬进行及时维护，目前普遍采用溅渣护炉工艺对炉衬进行维护。

炼钢过程中，铁水氧化形成的氧化物以及造渣剂、熔蚀的耐火材料等结合形成炉渣，溅渣护炉工艺就是采用高压氮气将出钢后留在炉内的炉渣溅在炉衬上，形成溅渣层，对下一炉的冶炼起到保护炉衬的作用。此工艺要求炉渣容易溅到炉衬上，溅到炉衬上的炉渣与炉衬能很好地结合，并具有一定抗高温侵蚀能力。

本书重点讲解了低碳钢种冶炼时，溅渣护炉工艺技术的操作要点以及采用新型补炉方式替代传统料补方式维护转炉大面（装料侧）部位的生产实践，供炼钢操作人员借鉴。

第一讲

溅渣护炉工艺
四步控制法概述

四步控制法是指"造渣—调渣—溅渣—烧渣"，造渣指把渣中的 FeO、MgO 含量控制合理，造黏渣，减少其对炉衬的侵蚀。调渣指在冶炼终点把炉渣调整到有利于溅渣的状态。溅渣指根据炉衬的侵蚀情况，合理控制溅渣枪位，达到溅渣均匀的目的。烧渣指提高溅渣层的强度以及耐侵蚀度。四步控制法可以对冶炼过程操作的每一个环节进行合理的控制，提高溅渣护炉效果，达到保证转炉炉型稳定的目的。

此操作法主要在 150t 转炉实施后，在炉役后期，转炉炉衬厚度基本维持在 200~300mm 的正常范围，做到零侵蚀，而且整个炉役不用料补炉，不但可以减少由料补而造成的环境污染，还可以节省大量的补炉材料，降低炼钢成本。通过计算，每年创造效益为 205.96 万元 。

河北钢铁集团唐山钢铁股份有限公司炼钢厂有公称容量 150t 顶底复吹转炉 3 座，LF 钢包精炼炉 3 座，RH 精炼炉 1 座，中板坯连铸机 2 台，薄板坯连铸机 2 台。中板坯连铸机浇铸钢种以 Q235B 和冷轧料 SPHD 为主，薄板坯连铸机浇铸钢种以 SS400、SPHD 为主。

炉型控制主要是根据转炉炉衬侵蚀情况进行维护控制，坚持"以溅渣护炉为主，料补为辅"的护炉原则。不断优化转炉溅渣护炉工艺，提高溅渣护炉效果，技术逐渐走向成熟，总结了转炉炼钢溅渣护炉"造渣—调渣—溅渣—烧渣"四步控制法，并在炼钢生产中实际推广，转炉炉龄稳定在 18000 炉以上，且炉型控制合理，满足炼钢过程各种反应顺利进行的需要，保证了转炉炼钢生产的稳定，并创造了较可观的经济效益。

溅渣护炉工艺是一项重大炼钢技术，目前，在我国转炉上得到广泛应用，转炉炉龄普遍提高几倍。其方法是利用转炉的氧枪系统将氧气切换为氮气作为溅渣气源，通过氧枪喷头形成的超音速氮气射流把出钢后调好的炉渣喷溅至转炉内壁表面，烧结形成高熔点的溅渣层，以抵抗高温钢水、炉渣的侵蚀，达到提高转炉炉龄的目的。

溅渣护炉工艺原理：炼钢过程中，铁水氧化形成的氧化物以及造渣剂、熔蚀的耐火材料等结合形成炉渣，溅渣护炉采用高压氮气将出钢后留在炉内的炉渣溅在炉衬上，形成溅渣层，对下一炉的冶炼起到保护炉衬的作用，因此转炉终点炉渣不仅要满足冶炼过程要求，而且应符合溅渣护炉的条件，即容易溅到炉衬上，溅到炉衬上的炉渣应能与炉衬很好地结合，并具有一定抗高温侵蚀能力。其工艺原理可以总结为"溅得上、黏得住、耐侵蚀"。

溅渣护炉四步控制法基本参数的确定：溅渣护炉四步控制法是溅渣护炉工艺在炼钢实际操作过程中的具体应用，目的是提高溅渣护炉效果，造渣步骤是基础，为溅渣护炉提供符合条件的炉渣；调渣步骤是手段，把不适合溅渣的炉渣调整为满足要求的炉渣；溅渣步骤是关键，把合适的炉渣均匀地溅到炉衬上，起到保护炉衬的作用；烧渣步骤是保证，溅好的渣层，通过冷却、烧结，提高强度和过热度以及溅渣层的耐侵蚀能力。

对溅渣护炉工艺进行深入研究，结合现场实验数据，总结以下参数对溅渣护炉工艺影响较大，分析如下。

一、转炉炼钢炉渣的状态

1. 炉渣的成分

炉渣的成分通常取决于铁水成分、终点钢水碳含量、供氧制度、造渣制度和冶炼工艺等因素。

为满足溅渣护炉工艺要求，在一定条件下提高终渣 MgO 含量，可进一步提高炉渣的熔化温度，有利于溅渣护炉。炉渣中 MgO 的饱和溶解度是一个重要的参数，在吹炼初期，加入部分轻烧白云石造渣，提高渣中 MgO 含量，可降低炉渣的熔化温度和初始流动温度，减缓石灰表面形成致密的 C_2S 壳层，提高石灰熔化速度，有利于早化渣，并可以减少炉渣在吹炼过程中对炉衬耐火材料的侵蚀。加入量过多，渣中 MgO 含量超过其饱和溶解度时，将析出固体MgO，提高炉渣的黏度，利于炉衬挂渣，但影响渣—钢之间的反应，因此需权衡保护炉衬和冶炼要求的关系，控制渣中MgO接近饱和溶解度。

①对常规的炼钢炉渣，当渣中MgO含量≤8%时，随渣中MgO含量的增加，炉渣的理论熔化温度（指不存在任何固相的温度）降低。说明对于MgO含量低的炉渣，添加MgO可以促进炉渣熔化。因此，在吹炼前期尽早加入足够的含MgO的造渣料，使渣中MgO含量接近8%。

②当渣中MgO含量>8%时，随炉渣碱度和MgO含量的增加，炉渣的熔化温度升高。对于低碱度炉渣（$R<3.0$），可控制终渣MgO含量为9%~12%；对于高碱度炉渣（$R\geqslant3.0$），可控制终渣MgO含量为6%~8%。

2. 炉渣黏度（流动性）

炉渣黏度是炉渣的重要动力学性质，黏度大小反映了炉渣的流动性好坏。炉渣黏度大，渣中悬浮大量金属液滴，炉渣流动性差，不利于溅渣护炉；炉渣黏度小，炉渣过稀，对炉衬侵蚀严重，溅渣时难以黏结在炉衬上，会延长溅渣时间，造成氮气消耗增加，成本升高。

3.炉渣过热度

温度偏高往往会降低炉渣黏度，炉渣黏度小，容易喷溅挂渣，溅渣层比较均匀，但溅渣层薄，摇炉时有挂渣流落现象，溅渣层抗侵蚀能力极差；炉渣黏度大，渣稠不易起溅，给转炉下部溅渣带来极为不利的影响，耳轴、渣线处溅渣效果不佳，对溅渣极为有害，还会出现炉底上涨和炉膛变形，但溅渣层的抗侵蚀能力增强。

二、溅渣枪位对溅渣的影响

氧枪枪位是指氧枪喷头断面与平静熔池液面的距离，这里所说的溅渣枪位等同于氧枪吹炼枪位。溅渣枪位对转炉的溅渣护炉影响较大，枪位较高时，射流速度衰减大，射流有效能量降低，冲击面积增大，射流冲击强度降低，每个渣滴得到的能量减少，炉衬各部位溅渣量较少；枪位较低时，冲击面积变小，冲击深度大，供给的能量大部分消耗于穿透和搅拌熔池，炉衬各部位溅渣量下降；当溅渣枪位达到最佳枪位时，溅渣量可以达到最大。通过变换枪位，可以改变溅渣部位，从而达到炉衬各部位溅渣均匀的目的。

三、氮气流量（压力）对溅渣的影响

在溅渣过程中，有效地利用高速氮气射流冲击熔池，使炉渣在尽可能短的时间内均匀喷溅涂敷在整个炉衬表面，并形成具有一定厚度的致密的溅渣层，是溅渣护炉的重要步骤。

当氧枪结构一定时，氮气压力加大则流速加大，流量也随之加大。在枪位一定的情况下，冲击区的面积不变，则氮气流股的冲量加大，可穿透渣层，明显提高溅渣护炉效果。因此，氮气压力的高低，直接影响炉衬黏结的渣量，低于氧枪设计的工

作压力，炉衬获得的渣量较少，溅渣效果不好。但也不是氮气压力越高越好，超过设计的工作压力较多时，也会对溅渣效果产生不利的影响，造成浪费。

四、留渣量对溅渣的影响

实际操作过程中，要合理确定转炉的留渣量，保证在溅渣操作时有足够的渣量均匀地黏结在整个炉衬表面上，形成一定厚度的溅渣层。如果留渣量增加，熔渣可溅性增强，炉衬各部位所获渣量都有所增加，尤其是转炉上部炉帽部位，有利于溅渣维护。但留渣量过大会增加溅渣成本。如果留渣量减少，会降低溅渣层厚度，炉衬上部溅渣量减少，甚至溅不上渣，影响上半部炉衬维护效果。因此，在参照有关资料的基础上，通过摸索确定留渣量控制在 10~12t 范围之内，约占总金属量的 10%，可获得炉衬从上到下的最佳溅渣效果。

五、氧枪喷孔夹角对溅渣的影响

氧枪顶吹气体射流搅拌与喷孔夹角负相关，即喷孔夹角小比夹角大的氧枪喷吹气体射流的搅拌大。喷孔夹角大，喷出的射流与熔池接触面积大，对每个溅起的渣滴来说，形成的冲击力小，对炉衬溅渣面积小，因此在设计氧枪时，喷孔夹角应在12°～16° 范围之内。考虑氧枪的喷孔夹角对吹炼过程化渣效果影响的同时，也要考虑其对溅渣护炉的影响。对 12° 、13° 、14° 、15° 氧枪进行现场生产性试验，在均衡考虑氧枪化渣效果保证吹炼稳定的同时，也将各种喷头的溅渣效果列入了试验范围，并进行观察比较，最终选择了适合 150t 转炉的13.5° 五孔氧枪喷头作为所使用的氧枪喷头。

通过四步控制法的实施，整个炉役期，转炉炉型控制合理，通过激光测厚仪对转炉进行了炉衬残砖厚度测试，150t 转炉不同炉龄期的炉型各部位炉衬厚度见下页表 1，可见炉衬厚度变化不大，耳轴部位基本没有被侵蚀，大、小面部位略有变化，与补炉有关，个别部位还有增厚的现象，尤其是在炉役后期，转炉炉衬厚度维持在 200~300mm 的正常范围，局部炉衬厚度较薄部位，通过新型补炉方式进行维护，得到了有效控制。近期完成炉役的 3# 转炉，炉龄完成了 22477 炉，渣线部位的残砖厚度仍有 150mm，耳轴部位残砖厚度有 150~300mm，炉衬的侵蚀速度为 0.052mm/ 炉。说明此控制方法取得了较好的护炉效果，实现了转炉炉型在整个炉役期内的控制稳定。

表 1　150t 转炉不同炉龄期的炉型各部位炉衬厚度

炉衬部位	炉衬厚度（mm）（炉龄 5432 炉）	炉衬厚度（mm）（炉龄 11534 炉）
炉底	944	951
西侧耳轴	449	441
东侧耳轴	360	328
西侧大面渣线	389	417
东侧大面渣线	440	437
西侧小面渣线	413	456
东侧小面渣线	460	431

续　表

炉衬部位	炉衬厚度（mm） （炉龄 5432 炉）	炉衬厚度（mm） （炉龄 11534 炉）
大面	725	574
小面	470	365

第二讲

溅渣护炉工艺四步控制法 步骤一——造渣

一、溅渣护炉工艺造渣操作步骤

在溅渣护炉工艺四步控制法中，造渣步骤是基础，造渣制度是转炉炼钢重要的工艺制度之一，炼好钢并保证溅渣护炉效果，就需要造好炉渣，合理控制炉渣的成分及其物理化学性能。流动性良好、MgO 含量合适的炉渣是溅渣护炉的关键。造渣步骤包括以下几个方面。

①造渣前准备。及时了解铁水、废钢等原材料情况，并根据所炼钢种技术要求，确定好造渣材料种类，提前计算好造渣材料的加入量。

②吹炼前期造渣。前期渣的操作要点是早化渣，化好渣，尽快形成一定碱度、MgO 含量为 8%的炉渣。

吹炼初期，矿石、铁皮球、轻烧白云石随第一批石灰一次性加入，形成多元渣系，使石灰尽快熔解，保证吹炼前期尽快形成碱性渣。

第一批渣料加入总量的 2/3，其余石灰必须在吹炼 6min 前加入完毕，确保吹炼终点炉渣化好、化透。开吹枪位的操作要点：温高炉次高枪位，提高渣中 FeO 化渣；温低炉次低枪位，提高温度化渣。

前期炉渣 MgO 含量按 8% 控制，前期炉渣化好后，再根据终点炉渣 MgO 含量要求补加轻烧白云石，确保终点炉渣 MgO 含量命中。

③吹炼中期造渣。吹炼中期要快速脱碳，适当提高枪位，以炉渣"不返干"为宜，如果"返干"了就要适当上调枪位，提高渣中 FeO 含量。

④吹炼终点造渣。吹炼终点前要化好、化透炉渣，做黏炉渣，在满足炼钢反应的同时也要满足溅渣护炉的要求。

终点前 3min 不得加入含铁冷料，目的是降低炉渣的氧化性，保证炉渣有较好的黏度。

终点前要低枪位操作，并压枪 90s 以上，目的是降低 TFe 含量，均匀成分和温度。冶炼过程枪位控制如图 1 所示。

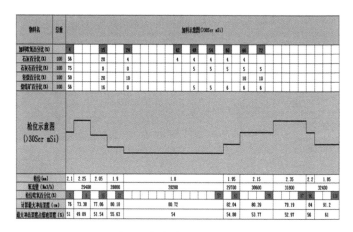

图 1　冶炼过程枪位控制

二、造渣时关键控制参数的确定

1. 炉渣成分重点控制 MgO 和 TFe

在冶炼过程中，向炉渣中加入轻烧白云石造渣，终点炉渣中的 MgO 含量控制在 7%~13%，炉渣 MgO 含量超过饱和溶解度值，炉渣熔点升高、黏度增加，在溅渣过程中，炉渣逐渐冷却，渣中 MgO 结晶析出，C_2S、C_3S、MF 等晶体长大，并包围着 MgO 晶体或固体颗粒形成致密层。具体要求如下。

①液面高度在正常范围时（以新炉液面为基准，-150~250mm 为正常范围），终渣 MgO 含量按正常值 9%~11% 控制。

②液面高度高出正常范围上限时，终渣 MgO 含量按 7%~9% 控制。

③液面高度低于正常范围下限时，终渣 MgO 含量按 11%~13% 控制。

终渣碱度的控制范围按不同钢种工艺要求，不应低于 2.5。

终渣 TFe 含量按 12%~17% 控制，对于低碳钢要求按 ≤ 22% 控制。

2. 炉渣的黏度

终渣要求化透，不能结坨，并按要求控制好终渣成分，具有合适的黏度，在高温下具有好的流动性，随着溅渣过程中炉渣温度的降低，黏度提高，保证溅渣后的黏结效果。

炉渣在溅渣冷却过程中，溅到炉衬上的高熔点相先黏结在炉衬表面上，而低熔点相虽然也被溅到炉衬上，但又会从炉衬表面流淌到炉底，经过氮气流股反复冲击冷却作用，最终 1/3~1/2 的炉渣被黏附在炉衬表面，而对于炉渣中 FeO 含量较高的溅渣层，在下一炉的冶炼过程中，随着熔池温度的升高，逐渐被侵蚀到炉渣中。炉渣黏度较小时，溅渣量大，因为黏度小的稀渣表面张力小，喷射气体的能量，一部分消耗在形成渣滴的表面能，另一部分转化为渣滴的动能，把渣溅上炉衬。因此黏度小的渣，溅渣时熔池活跃，溅起的渣量大，但从炉衬上流下的渣量较多，挂渣量不多，稠渣虽然从动力学上考虑，流动性不好，不易溅到炉衬表面上，但损失较小，因此合适的炉渣黏度要综合考虑溅起的渣量以及快速黏结在炉衬表面上的渣量。

第三讲

溅渣护炉工艺四步控制法步骤二——调渣

一、溅渣护炉工艺调渣操作步骤

转炉吹炼结束后，出钢过程中，要到现场观察转炉内炉渣的状态，然后根据炉渣的实际状态决定是否进行调渣操作。一般炉渣分为三种情况。

第一种情况：炉渣流动性良好，黏度适中，可满足下一步溅渣的需要，这种情况的炉渣无须调渣，可直接进行溅渣。

第二种情况：炉渣流动性差，甚至结坨，这种情况的炉渣不能直接溅渣，需进行处理。此类炉渣大多因为转炉在吹炼过程中没有化透，出钢过程中随着温度的降低，高熔点的物质析出，造成炉渣结坨，流动性差。另一个原因是在冶炼高碳钢时，终点碳含量较高，终渣 TFe 含量较低造成炉渣返干。终点碳 ≥ 0.2% 炉次，终渣黏度大，炉渣"发干"，在出钢过程中，炉渣容易聚集成坨，溅渣过程中开始降枪吹氮 0.5~1min 后可观察到炉口渣粒急剧减少，倒炉可观察到大部分炉渣"发干"黏结到炉底，炉衬溅渣层很薄。这类炉渣的调渣方法如下。

①可在出钢前向炉内加入 100kg 左右熔渣剂（如萤石等），增加炉渣流动性。

②出钢后溅渣前用小氧（0.3~0.4MPa）吹炉渣 30s 左右，增加炉渣流动性。

③冶炼高碳钢的炉次提倡终点碳控制在 0.15%~0.2% 范围之内，终点碳 > 0.2% 的炉次不能连续冶炼超过 3 炉，要求 3 炉中有 1 炉确保溅渣护炉的效果。

第三种情况：炉渣氧化性强，黏度低，炉渣稀。这主要由于操作不当造成后吹钢或者转炉冶炼低碳、低磷钢种时炉渣氧化性强，此种情况的炉渣不能直接进行溅渣护炉操作，需要对炉渣进行改质调渣操作，降低炉渣的 FeO 含量和提高炉渣的 MgO 含量，使炉渣的熔化温度和黏度增加，以利于提高溅渣护炉的效果。

终点碳低和严重后吹炉次，因氧化性强，造成终渣 TFe 含量高，炉渣稀。在转炉底吹正常使用后，转炉终点可使用高流量的底吹气体进行大搅，在一定程度上降低钢水的氧化性，尽量稠化炉渣。出钢后，使用改渣剂对炉渣进行调渣，在降低渣中 FeO 含量的同时，提高了渣中 MgO 的含量，让炉渣变黏，更适合溅渣。

根据炉渣状况，采用加入调渣剂对高氧化性炉渣进行调渣。调渣剂加入量可根据终点碳和炉渣状况确定。

调渣剂主要使用改渣剂，即含碳镁球，其成分如表 2 所示，改渣剂中的游离碳可以和炉渣中的 FeO 反应，降低炉渣中 FeO 含量，同时改渣剂分解，可提高炉渣中 MgO 含量，把稀渣调整成适合溅渣的炉渣，调渣剂参考加入量如下页表 3 所示。

每吨渣中加入改渣剂 30~35kg，可降低渣中 3.2%~3.8% 的 FeO 含量。出钢后，炉渣温度较高，一般都高于 1550℃，有利于碳氧反应，加入含碳改

表 2　含碳改渣剂的成分

成分	MgO	CaO	SiO$_2$	C	R
含量（%）	47~50	3~10	≤ 3.2	16~25	> 2.5

表3　调渣剂参考加入量

终点碳（%）	调渣剂加入量（kg）
≥ 0.08	可不加
0.06~0.07	200~400
0.04~0.05	400~600
≤ 0.03	600~800

渣剂后，渣中 FeO 迅速与碳反应（吸热反应），生成 CO 气体在炉口燃烧。以下为具体的化学反应。

$$FeO+C=Fe+CO$$

因为炉渣温度较高，改渣剂中的碳可认为全部与渣中的 FeO 反应。分析渣中 FeO 的变化可以看出：95%以上的碳与 FeO 反应了，加入太集中或太多时，会出现局部反应不完全现象，即溅渣结束时炉底残渣内有少数黑点状物质，说明少量改渣剂没能完全反应。改渣剂可降低渣中 FeO 的含量、提高渣中 MgO 的含量、降低炉渣温度、提高炉渣黏度及熔化温度，而碳脱氧产物 CO 可使炉渣泡沫化，克服局部"石头"渣，从而有利溅渣。

观察加入改渣剂的溅渣炉次，降枪 20s 后，炉口出现较大火焰外逸，说明碳脱氧产物 CO 在炉口燃烧，50~60s 后，火焰基本消失，说明碳脱氧反应结束。在炉口溅渣之前，即在溅渣孕育期内，碳脱氧反应已完成。溅渣结束后，观察溅渣层，其呈现麻面状，没有流淌、"下雨"现象，表示渣黏度适合溅渣。

为降低炉渣过热度，炉渣温度较高时，可使用生白云石辅助调渣，调渣时为避免调渣剂结坨或黏结到炉底，可先开氮气，再加入调渣剂，此时炉渣温度较高，有利于调渣剂的分解。调渣剂加入量较大时，须分批加入，每次数量为 200~500kg。

二、调渣操作后炉渣达到的效果

调渣后的炉渣流动性良好，MgO 含量接近饱和状态，具有一定黏度，似粥状，TFe 含量小于 20%，满足溅渣护炉的需要。

第四讲

溅渣护炉工艺四步控制法
步骤三——溅渣

一、溅渣护炉工艺溅渣操作步骤

1. 降温

溅渣枪位控制在 200mm 以上，此时炉口火焰为红色，烟气较多。待红色火焰减弱，炉口变得清晰，有少量渣粒甩出，说明降温阶段结束，开始进入溅渣操作。

2. 根据炉衬被侵蚀情况，确定溅渣枪位

低枪位（小于 140mm）溅转炉上半部及炉口部位；中枪位（140~180mm）溅转炉耳轴及炉身部位；高枪位（大于 180mm）溅炉底及渣线部位。炼钢工要及时了解转炉炉衬被侵蚀情况，根据需要维护的部位，确认合适的溅渣枪位。

3. 溅渣结束

炉口甩出的渣片逐渐减少，乃至消失，炉内氧枪喷出气体的声音清晰，说明炉渣已经凝固，此时可以结束溅渣操作。溅渣护炉时，炉口起渣情况如下页图 2 所示。

图 2　溅渣护炉时，炉口起渣情况

二、溅渣操作时各种参数的确定

溅渣护炉的氮气压力为 0.8~1.2MPa，氮气流量应保证在 26000Nm³/h 左右。

150t 转炉溅渣所用氮气压力应保证在 1.0MPa，溅渣结束氮压不应低于 0.8MPa。氮气总管压力低于 0.6MPa 时，应立即停止溅渣。氮气流量（标准状态）应保证在 26000Nm³/h 左右。氮气压力低或流量不足，耳轴以上的溅渣层逐渐变薄，接近炉帽处甚至没有挂渣层。氮压较高时（1.0~1.2MPa），可明显看出在炉口喷出的渣粒高且有力，有部分渣甚至黏结在烟罩上，炉口氮气的轰鸣声也较大，此时溅渣层较厚，炉帽处也明显黏结上 10~20mm 厚渣层，所以要保证溅渣前的氮气压力大于 1.2MPa，溅渣结束时的氮气压力不低于 0.8MPa。

当氧枪结构一定时，氮气压力加大则流速加大，流量也随着加大。在枪位一定的情况下，冲击区的面积不变化，则氮气流股的冲量（mv）加大，可穿透渣层，明显提高溅渣护炉效果。

溅渣护炉时间控制在 2~4min 最佳，溅渣时间过短，炉渣起渣时间短，溅渣效果不好，炉渣没有充分冷却和混匀，炉渣条件较差，即使溅到炉衬上，也不能很好地挂在炉衬上，起不到护炉的作用。在渣况正常的条件下，溅渣时间越长，炉衬挂渣越多，但也容易造成炉底上涨和黏结氧枪，尤其是炉渣温度过低或流动性较差时，炉渣溅不起来，如果一味地延长溅渣时间，只会浪费氮气。

三、溅渣护炉操作的氧枪和枪位

转炉使用的氧枪为五孔拉瓦尔型喷头，喷孔与枪中心夹角为 13.5º，当炉渣黏度、渣量、氮气压力、氮气流量一定时，枪位确定，溅渣层在同一高度上分布均匀。

溅渣枪位一般控制在 140~220mm，炉渣较黏或渣量较大取下限枪位。

溅渣时的渣量不应小于 10t，即出钢量的 8%~12%。通过实践证明，渣量过大，则氮气的冲量必须大于正常冲量的 50% 以上，方可正常起渣。从溅渣动力学角度出发，氮气流股冲击熔池时，流股不能穿透整个渣层厚度，流股的冲量部分被熔池吸收，熔渣溅起的能量减少，所以溅渣效果并不好，对于 150t 转炉溅渣的留渣量控制在 10~12t，即出钢量的 8%~10%，冶炼终点测温取样时，炼钢工应根据炉内渣量控制放渣量，以保证炉内渣量控制在 10~12t。

在进行溅渣操作时，还应注意以下几点。

①炉内有剩余钢水时，严禁溅渣护炉。因为含有钢水的炉渣熔点低，耐侵蚀性差，起不到护炉的作用，而且在溅渣过程中，钢水还会黏结氧枪枪身，给枪身的处理带来困难。

②炼钢工在溅渣过程中观察溅渣情况，正常时间 1min 内炉口会喷出小渣粒，说明溅渣状况良好，若溅渣已开始 1.5min 以上仍无渣粒从炉口喷出，说明炉渣较稀，可再向炉内加入适量调渣剂。

③炉底液面高度高于正常范围上限时，应增大氮气压力，采用低枪位操作，炉渣不得溅干。溅渣结束后，应立即摇炉倒渣，留渣操作时应将炉体倾斜 90° 后等待。

④溅渣操作时，控制氮气压力下限，起渣后，氮气压力调到最大，氧枪枪位在要求范围内上下波动，使炉衬各部位溅渣均匀。

⑤在氮气压力低时，先加入 200~500kg 的生白云石，并前后摇动转炉使之分解，降低炉渣温度，再开始溅渣操作。

四、溅渣操作后达到的效果

溅渣层厚度均匀，结构致密，在最佳溅渣时间内，炉渣能够溅干，溅渣结束进行倒炉操作时，溅渣层没有脱落现象，且溅渣完毕的炉渣不聚集、不结坨。

第五讲

溅渣护炉工艺四步控制法
步骤四——烧渣

一、溅渣护炉工艺烧渣操作步骤

溅渣完毕后，溅渣层虽然形成，但由于炉内温度仍然较高，溅渣层强度低，为提高强度，降温冷却是最有效的方法。烧渣操作就是冷却、烧结溅渣层的过程，起到提高溅渣层强度的作用。

第一步：进行调渣的炉次，溅渣结束后，要增加氧枪继续吹氮气进行降温操作，即溅渣结束后，不关氮气，氧枪在炉内上下窜动至少两次，降低溅渣层温度，提高溅渣层强度。没有调渣的炉次可省略此步骤。

第二步：溅渣操作结束，倒渣完毕后，准备下一炉冶炼时，必须采用先加废钢再兑铁的操作顺序，且加入废钢后，转炉先要向下摇炉至90°以上，以废钢不倒出炉口为宜，再向上摇炉至45°，目的是完成炉内冷—热炉气的置换，降低炉内温度，此时观察炉口有大量高温炉气排出，炉衬温度明显降低，重复该操作一次，观察炉衬亮度，如果亮度高，说明温度高，可继续重复该操作，直到炉衬呈暗红色为止。加入废钢后的烧渣效果如图 3 所示。

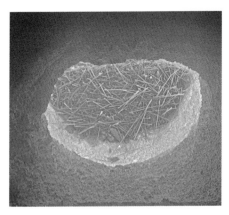

图 3　加入废钢后的烧渣效果

二、烧渣操作后达到的效果

采用烧渣操作，炉内冷热空气进行置换，可以使溅渣层温度迅速下降，通过现场实验数据得出，每摇炉一次，炉衬温度下降 300℃左右。由于炉内温度的降低，溅渣层得到充分的烧结，强度及耐侵蚀度提高，溅渣层能够抵抗下一炉冶炼时钢水和炉渣的侵蚀，保证转炉炉型的稳定。

第六讲

冶炼低碳钢种时炉型的维护方法

一、低碳钢种冶炼炉衬侵蚀的特点

为满足钢铁行业高质量发展的需要，陆续开发一些高附加值的新品种钢，这些品种钢大多以低碳钢和低磷钢为主，碳含量要求低，所以终点炉渣温度高、氧化性强，对炉衬的侵蚀严重，炉衬维护成为难点，炉型波动较大，极易造成生产中断，甚至漏炉事故。

通过对 150t 转炉停炉后炉衬各部位残存厚度的分析，发现整个炉衬侵蚀不均衡，具体数据如表 4 所示。

表 4   150t 转炉停炉后炉衬各部位残存厚度

部位	炉帽	耳轴	小面	大面（加料侧）	炉底	炉底渣线
厚度（mm）	350	400	300	150	200	180

通过分析，150t 转炉炉衬侵蚀较严重的部位主要有大面（加料侧）、炉底及炉底渣线，其中大面部位重点为兑铁时铁水冲击区，主要是机械冲刷侵蚀，炉底及炉底渣线部位的侵蚀多为化学侵蚀，系钢水氧化性强所致。在目前品种结构条件下，炉衬

维护的重点为大面部位的铁水冲击区、炉底及炉底渣线部位，可进一步优化溅渣护炉工艺四步控制法以及改进补炉方法保证炉型的稳定。

二、低碳钢冶炼采用溅渣护炉工艺的优化方案

1. 造渣

①增加炉渣中的 MgO 含量。决定溅渣护炉效果的炉渣重要成分是 MgO 和 TFe，终渣 MgO 和终渣 TFe 含量推荐值如表 5 所示。

表 5　终渣 MgO 和终渣 TFe 含量推荐值

终渣 TFe（%）	8~14	15~22	23~30
终渣 MgO（%）	7~8	9~10	11~13

由于冶炼低碳钢较多，终渣 TFe 含量较高，对 MgO 含量要求也要相应提高，可根据炉役不同阶段控制炉渣中的 MgO 含量，新炉期按 8% 控制，炉役中期按 10% 控制，炉役后期按 12% 控制。具体操作采用分阶段加入轻烧白云石造渣工艺，1~2000 炉的新炉期每炉加入 1000kg；2000~8000 炉的炉役

中期每炉加入 2000kg；8000 炉以上的炉役后期每炉加入 3000kg。这样既可以保证不增加轻烧白云石加入量，炉渣又可以在不同的炉役期有合理的 MgO 含量，保证整个炉役期内炉型控制的均衡稳定。

②降低终渣 TFe 含量。优化炼钢操作模式，建立操作模型，规范操作，提高一次倒炉命中率，降低终渣 FeO 含量、钢水氧化性，减少钢水对炉衬的化学侵蚀。吹炼枪位采用"高—低—高—低"操作模式，提高前期脱磷率，保证终点压枪时间，实施后转炉一倒命中率达 90% 以上，低碳钢终点氧位平均 520ppm，较以前分别提高了 5% 和降低了50ppm。

③优化氧枪参数，采用高马赫数氧枪，提高操作的稳定性，马赫数由 2 提高到 2.16，氧枪参数对比如下页表 6 所示。经过多次现场试验，高马赫数氧枪使用时，吹炼操作过程稳定，一次倒炉磷命中率达 95% 以上，减少了由于终点磷成分超标而造成后吹的炉次，降低了终点炉渣氧化性。

表6　氧枪参数对比

	孔数	夹角/°	马赫数	喉口直径/mm	出口直径/mm	吹炼氧压/MPa	吹炼流量（标准状态）/（m³/h）
普通	5	13	2	40.1	53	8.5~9.5	28000~32000
高马赫数	5	13.5	2.16	35	48.5	10.1~11.3	28000~32000

2.调渣

①采用生白云石＋改渣剂的模式进行调渣操作。加入生白云石的目的是降温以及增加炉渣 MgO 含量，加入改渣剂的目的是利用碳作为还原剂，还原渣中 FeO，提高溅渣层的熔点。应严格按照溅渣护炉工艺四步控制法中关于终点氧化性强炉渣的调渣方法执行。

②冶炼低碳和超低碳钢种，将焦炭＋生白云石作为改渣剂进行调渣操作。在出钢完毕后向炉内加入焦炭，大幅度摇炉，使加入的焦炭与熔渣充分接触，并与渣中 FeO 反应，大幅降低渣中 FeO 含量，C、O 反应生成物以气体排出，达到降低渣中 FeO 的目的，如果终点温度大于1660℃，在溅渣过程中

需再补加适量的生白云石降低炉渣温度。具体要求有以下 3 点。

一是终点氧位大于 500ppm 的炉次，根据炉渣状况可加入 100~300kg 焦炭。

二是温度过高时，可补加生白云石，生白云石用量 <500kg。

三是溅渣前加入焦炭对炉渣进行改质，必须是出钢完毕加入，加入后要大幅度摇炉，促进焦炭和炉渣充分反应。

实验效果：溅渣时，成渣快，容易将炉渣溅干，尤其对转炉炉底部位溅渣效果好；减少溅渣时间，较以前每炉可以节省 30s，减少氮气消耗的同时，提高了生产作业率；减少了生白云石的用量，降低了物料消耗。

目前该操作方案已经运用到实际生产中，调渣效果明显。

3. 溅渣

①确定合适的氧枪喷头结构及溅渣枪位。

采用吹炼和溅渣同一氧枪操作，为达到转炉过程吹炼以及溅渣护炉对氧枪的要求，采用 13.5° 五孔氧枪。溅渣枪位对溅渣效果有明显影响，枪位过高或过低，都能使溅渣量减少。一般来说，较低的枪位有利于转炉炉体上部溅渣，较高的枪位有利于转炉炉体下部及炉底部位的溅渣维护。通过大量的现场操作实验，最终确定最佳的溅渣枪位为"高—低—高"，即溅渣前期高枪位降温搅拌成渣，中期低枪位获取最大溅渣量，后期适当高枪位调整不同部位溅渣量。执行"高—低—高"溅渣枪位后，炉衬不同部位溅渣量均匀分布，特别是有效地维护了炉底及炉底渣线部位。

②采用少渣溅渣工艺维护炉底及炉底渣线部位。

出钢前尽量倒掉部分炉渣，甚至出钢后倒掉部分炉渣，减少渣量，采用高枪位溅渣，重点对炉身下半部位进行溅渣护炉，尤其是覆盖炉底及炉底渣线部位，由于渣量少，炉渣易烧结，从而提高了炉底部位溅渣层的厚度。少渣溅渣维护炉底及渣线部位效果如图 4 所示。

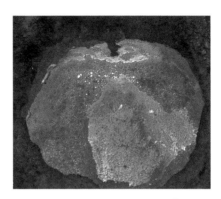

图 4   少渣溅渣维护炉底及渣线部位效果

4.烧渣

采用烧渣工艺，有利于炉渣的烧结，提高溅渣层强度。严格执行溅渣护炉工艺四步控制法中的烧渣操作，采用氮气降温和加废钢降温相结合的操作方法，在加入废钢后，转炉要从 0°~100° 至少摇炉两次，目的是把炉内热炉气通过废钢带入的冷空气置换出来，迅速降低炉衬温度，更好地烧结溅渣层，提高其强度和耐火度。

三、优化方案后达到的效果

低碳钢冶炼的炉型得到有效控制，转炉炉龄稳定在 10000 炉以上，并做到底吹与炉龄同步，保证了炼钢生产的顺利进行。

第七讲

新型补炉方法的生产现场应用
及实施效果

一、传统补炉方式补炉的问题描述

转炉大面（加料侧）部位，由于要承受兑铁水及废钢加入的冲击力而造成机械冲刷侵蚀严重，以前往往采用传统的料补方式进行补炉。传统的料补方法采用含镁质补炉料，加入转炉内，依靠转炉摇炉将补炉料平铺到需要补炉的位置，依靠炉内温度进行烧结，烧结时间至少需要 40min，如果炉内温度降低较快，为了保证烧结效果，还需要辅助吹氧气升温，补炉时间延长，有时由于补炉料烧结不充分，会有不同程度的脱落。

在实际操作过程中，如果补炉后第一炉先加废钢，大块废钢会撞击烧结后的补炉料，使其松动脱落，如果先兑铁水，铁水入炉的冲击力也会把部分补炉料冲刷掉。所以，传统的料补方式存在明显的缺点，在实际操作中，根据现场经验，不断尝试新型补炉方法，以适应现代炼钢技术的要求。

二、新型补炉方式的应用

1. 转炉铁块固渣技术

转炉传统的护炉方法为料炉、喷补及固渣护炉。料炉、喷补每次的用时在 30~90min，补炉料用量在 500~2000kg/ 次，护炉成本较高，护炉效果不稳定。固渣护炉可以节约静态护炉时间，有效保证静态护炉效果，大幅度降低转炉护炉成本，提高炉龄，提高转炉作业率。

具体操作步骤：转炉大面部位固渣炉次终点控制按照 w (C) $\geqslant$ 0.07%，炉渣碱度为 2.7~3.2、w (MgO) $\geqslant$ 8%，固渣大面炉次倒炉、出钢摇炉不得过低，尽量保持一定渣量，如终点 w (C)<0.07%，适当减少留渣量。将炉体摇至与平台平面夹角 30°~45°，缓慢加入 1.5~2.0t 铁块，直接摇至炉口低于平台平面夹角 20°~30°，使铁块迅速均匀平铺后，将炉口摇到与平台夹角基本水平。此操作过程分以下两种情况。

①终点碳低，渣量大，终渣稀，摇炉过程要注

意观察炉内渣量及炉渣状态，如炉渣过稀，为了保证大面固渣后平整，同时确保兑铁时不产生剧烈喷溅反应，应从炉口将稀渣倒出部分后摇到零位，采用低枪位溅渣，溅渣时不得加入任何渣料，溅渣后再摇至炉口低于平台平面夹角 20°~30°，使铁块迅速均匀平铺后，将炉口摇到与平台夹角基本水平，静置 2~3min，先加废钢再兑铁。

②终点碳合适，渣量小，终渣黏度适宜，加入铁块摇炉后不溅渣，静置 2~3min，先加废钢再兑铁。

2. 转炉砖补 + 渣补炉技术

传统以补炉料投补或喷补的方式对转炉大面部位进行维护，这种方法具有投入成本高、烧结时间长、补炉料易脱落等缺点。烧结时间长，影响生产节奏、降低钢产量。补炉料易脱落，使喷补次数增加，掉落的补炉料还会污染钢水，降低钢水的洁净度，同时威胁职工人身安全。采用铁块固渣技术适合中碳钢的冶炼，如采用此技术冶炼低碳钢，会使终点钢水增碳，影响钢水成分命中率，所以在铁块固渣技术的基础上，需进一步探索新的补炉方式。经过研究，采用废弃的镁碳砖代替铁块加入渣中，镁碳砖与高温炉渣快速烧结，黏结在炉衬上，达到修补炉衬的目的。

三、新型补炉方式的技术原理

镁碳砖的成分为 MgO：76%、C：24%，镁碳砖在炉渣中的反应与转炉炉衬侵蚀过程类似，在高温炉渣的作用下，镁碳砖表面发生脱碳反应并形成裂缝或者气孔，其化学反应式如下。

$$FeO+C=CO+Fe$$

该反应为吸热反应，反应过程中会吸收热量，所以会降低炉渣温度，起到冷却炉渣的作用。

炉渣中 FeO 和铁酸钙等低熔点物质首先渗入脱碳的裂缝或者气孔内，FeO 与脱碳层的 Mg 反应生成铁酸镁，MgO 可以与 MF 形成高熔点固溶体，冷却时在 MgO 表面及晶界上析出。

　　镁碳砖的烧结强度要远远优于传统补炉料的烧结强度。对于炉渣来说，由于发生脱碳反应降低了炉渣中的 FeO 含量，减少了炉渣中低熔点物质的比例，炉渣中 C_2S、C_3S 比例提高，从而提高了炉渣抗侵蚀性，同时因脱碳反应产生的裂缝及气孔，对炉渣起到了聚合和强化的作用，简单说渣中的镁碳砖起到了炉渣的骨架作用，而脱碳反应产生的裂缝及气孔使炉渣与骨架很好地黏结在一起。

　　镁碳砖补炉操作步骤：前一炉出钢→不溅渣、直接倒渣→确认留渣量→用废钢斗加入砖补料→根据补炉位置摇炉→烧结 20min 以上→兑铁。

　　上炉钢出钢后，不溅渣，直接倒掉部分炉渣，加入镁碳砖，每次补炉烧结时间约 20min，补大面部位时，镁碳砖加入量控制在 1.5~2t，因使用废弃的镁碳砖或废弃钢包砖，所以无任何成本投入，渣补一次可连续冶炼 40 炉以上。固渣后，转炉大面部位维护效果如下页图 5 所示。

图 5 固渣后，转炉大面部位维护效果

四、新型补炉方式应注意的操作事项

由于镁碳砖含有碳，加入炉渣中可以还原渣中 FeO，缩短炉渣凝固时间，并在渣中形成碳素骨架，有利于炉渣烧结且提高炉渣的耐侵蚀度，废弃镁碳砖补炉较补炉料补炉每次节约时间 20min，每次使用寿命延长 20 炉，且砖补不易脱落，安全系数高。

在实验过程中应注意以下操作事项。

①补炉前一炉终点温度大于 1630℃，终点氧位大于 600ppm，且炉渣流动性良好，没有结坨。

②加入前要确认补炉砖干燥、无油污，不能有

砖盘、废钢等杂物，重量控制在 1.5~2.0t。

③出钢后不溅渣直接倒渣，现场确认渣罐干燥，倒渣时要小流慢倒，防止翻罐和漏罐。

④留渣量根据用砖重量而定，以炉渣刚好覆盖砖为宜，建议倒渣角度根据炉况确定，正常炉况在 115° 左右。

⑤废钢斗加入时，转炉角度根据所补位置而定，建议补大面冲击区，转炉角度在 70°，补前接底位，转炉角度在 60°。

⑥补炉烧结时间大于 20min，装铁前确认炉渣完全凝固，先加废钢再兑铁水。

⑦为保证安全，补炉后冶炼倒炉时前三炉必须待炉子摇稳正常后，方可现场作业，出钢过程炉后禁止行人停留。

五、采用新型补炉操作方式达到的效果

①补炉时间短，由于镁碳砖含有碳，加入炉渣中可以迅速还原渣中 FeO，缩短炉渣凝固时间，比

常规补炉时间每次至少缩短 20min，节省了补炉时间，提高了转炉炼钢生产作业率。

②补炉效果好，补炉后渣层强度高，炉渣的耐侵蚀性好，转炉兑铁或加废钢对其影响小，能够承受废钢撞击和铁水冲击，补炉后可以连续冶炼 40 炉以上，保证了大面部位炉衬维护的稳定。

③成本低，此方法大多采用炼钢废弃的原材料进行重复利用，节省新采购补炉料的成本。

④安全系数高，传统补炉料中含有油质黏合剂，如果补炉过程中烧结不完全，在兑铁时或在冶炼过程中会发生补炉料突然脱落，造成安全事故，本方法采用冷却固化炉渣，并在渣中形成碳素骨架，黏结效果好，至今没发生脱落现象，安全可靠。

后　记

坚持科技是第一生产力，人才是第一资源，创新是第一动力。可见抓创新就是抓发展，谋创新就是谋未来，发展实体经济，高素质的产业工人是最核心的因素，破解"卡脖子"难题，实现科技自立自强，既需要科学家、工程师，也需要高技能人才。作为传统工业的钢铁行业要实现高质量发展，离不开科技的创新，作为一名新时代产业工人，要想做好工作，不能单单是吃苦流汗，更重要的是勇于创新，破解生产中的难题。要以生产现场为重点，把问题点作为改进点，把改进点作为创新点，使创新点成为职工的价值点，引导职工自主、自发、自觉参与岗位创新。

从一名普通炼钢工成长为炼钢专家，我的感受就是知识改变命运、技能成就梦想。一份工作、一个岗位，不管多普通、多平凡，只要坚持做下去，就可以把职业干成事业，5年入门，10年会成为专家，20年会成为大师。同时要不断学习新知识、新技能，与时代发展同频共振，争做知识型、技能型、创新型新时代劳动者。

我感恩这个时代，国家对技能人才的高度重视，让我们技能报国的信心更足；我感恩企业的培养，为我们施展才华提供更好的平台；我感恩我的工作岗位，给了我们进步的舞台。参加工作30多年来，我从立足岗位的个体创新，到依托创新工作室的团队创新，再到目前创建创新工作室联盟的联合创新，我们产业工人在企业高质量发展中大有可为，我也将继续努力，为建设制造强国贡献新的力量。

2023 年 5 月

图书在版编目（CIP）数据

郑久强工作法：转炉炼钢炉型的控制与操作 / 郑久强著. 一北京：
中国工人出版社，2023.7
ISBN 978-7-5008-8232-9

Ⅰ.①郑… Ⅱ.①郑… Ⅲ.①转炉炼钢－炉型 Ⅳ.①TF71

中国国家版本馆CIP数据核字（2023）第126495号

郑久强工作法：转炉炼钢炉型的控制与操作

出　版　人	董　宽	
责 任 编 辑	时秀晶	
责 任 校 对	张　彦	
责 任 印 制	栾征宇	
出 版 发 行	中国工人出版社	
地　　　址	北京市东城区鼓楼外大街45号　邮编：100120	
网　　　址	http://www.wp-china.com	
电　　　话	（010）62005043（总编室）	
	（010）62005039（印制管理中心）	
	（010）62046408（职工教育分社）	
发 行 热 线	（010）82029051　62383056	
经　　　销	各地书店	
印　　　刷	北京美图印务有限公司	
开　　　本	787毫米×1092毫米　1/32	
印　　　张	2.5	
字　　　数	35千字	
版　　　次	2023年8月第1版　2023年8月第1次印刷	
定　　　价	28.00元